# Photo Ark

Asian elephant (*Elephas maximus*)
**Joel Sartore**

© 2024 JOEL SARTORE

Photo Ark

Binturong (*Arctictis binturong*)
**Joel Sartore**

Photo Ark

PLACE STAMP HERE

American flamingos
(*Phoenicopterus ruber ruber*)
**Joel Sartore**

# Photo Ark

PLACE
STAMP
HERE

Arctic fox (Vulpes lagopus)
**Joel Sartore**

Photo Ark

PLACE
STAMP
HERE

# Photo Ark

Side-striped palm pit viper (*Bothriechis lateralis*)

**Joel Sartore**

© 2024 JOEL SARTORE

African leopard (*Panthera pardus pardus*)
**Joel Sartore**

# Photo Ark

PLACE
STAMP
HERE

King penguins
(*Aptenodytes patagonicus patagonicus*)
**Joel Sartore**

## Photo Ark

PLACE
STAMP
HERE

Mandrill (*Mandrillus sphinx*)
**Joel Sartore**

Photo Ark

Gerenuk (*Litocranius walleri*)
**Joel Sartore**

Photo Ark

PLACE
STAMP
HERE

Tiger-striped tree frog
(*Phyllomedusa tomopterna*)
**Joel Sartore**

# Photo Ark

PLACE
STAMP
HERE

Siamese fighting fish (*Betta splendens*)

**Joel Sartore**

# Photo Ark

PLACE
STAMP
HERE

Chimpanzee (*Pan troglodytes*)
**Joel Sartore**

# Photo Ark

Atala butterfly (Eumaeus atala)
**Joel Sartore**

Photo Ark

PLACE
STAMP
HERE

Great horned owl (*Bubo virginianus*)
**Joel Sartore**

© 2024 JOEL SARTORE

Photo Ark

Panther chameleons (*Furcifer pardalis*)
**Joel Sartore**

# Photo Ark

PLACE
STAMP
HERE

Von der Decken's sifaka (*Propithecus deckenii*)
**Joel Sartore**

# Photo Ark

PLACE
STAMP
HERE

Southern three-banded armadillo
(*Tolypeutes matacus*)
**Joel Sartore**

Photo Ark

Gee's golden langurs (*Trachypithecus geei*)

**Joel Sartore**

Photo Ark

Greater bilby (*Macrotis lagotis*)
**Joel Sartore**

Photo Ark

© 2024 JOEL SARTORE

Red-breasted parakeets (*Psittacula alexandri*)

**Joel Sartore**

Photo Ark

PLACE
STAMP
HERE

Albino North American porcupine
(*Erethizon dorsatum bruneri*)
**Joel Sartore**

Photo Ark

PLACE
STAMP
HERE

Swamp milkweed leaf beetle
(*Labidomera clivicollis*)
**Joel Sartore**

© 2024 JOEL SARTORE

Photo Ark

Black-footed ferret (*Mustela nigripes*)

**Joel Sartore**

Photo Ark

PLACE
STAMP
HERE

De Brazza's monkey (*Cercopithecus neglectus*)
**Joel Sartore**

Photo Ark

PLACE
STAMP
HERE

Blue waxbills
(*Uraeginthus angolensis niassensis*)
**Joel Sartore**

Photo Ark

PLACE
STAMP
HERE

Spotted hyenas (*Crocuta crocuta*)
**Joel Sartore**

# Photo Ark

PLACE
STAMP
HERE

Western lowland gorillas (*Gorilla gorilla gorilla*)
**Joel Sartore**

Photo Ark

Common garden snail (*Helix aspersa*)
**Joel Sartore**

# Photo Ark

PLACE
STAMP
HERE

Gray-tailed moustached monkeys
(*Cercopithecus cephus cephodes*)
**Joel Sartore**

Photo Ark

PLACE
STAMP
HERE

© 2024 JOEL SARTORE

Photo Ark

Aega morpho butterfly (*Morpho aega*)
**Joel Sartore**

Photo Ark

PLACE
STAMP
HERE

Sumatran rhinoceros
(*Dicerorhinus sumatrensis sumatrensis*)
**Joel Sartore**

Photo Ark

PLACE
STAMP
HERE

Malaysian horned frog (*Megophrys nasuta*)
**Joel Sartore**

Photo Ark

Himalayan wolves (*Canis himalayensis*)
**Joel Sartore**

# Photo Ark

PLACE
STAMP
HERE

Ploughshare tortoises (*Astrochelys yniphora*)
**Joel Sartore**

Photo Ark

Saffron finch (*Sicalis flaveola*)
**Joel Sartore**

# Photo Ark

PLACE
STAMP
HERE

Galápagos tortoise (*Chelonoidis vicina*)
**Joel Sartore**

Photo Ark

Spectacled owl (*Pulsatrix perspicillata*)
**Joel Sartore**

Photo Ark

Asian flower beetle (Agestrata orichalca)
**Joel Sartore**

Photo Ark

South African cheetah
(*Acinonyx jubatus jubatus*)
**Joel Sartore**

# Photo Ark

PLACE
STAMP
HERE

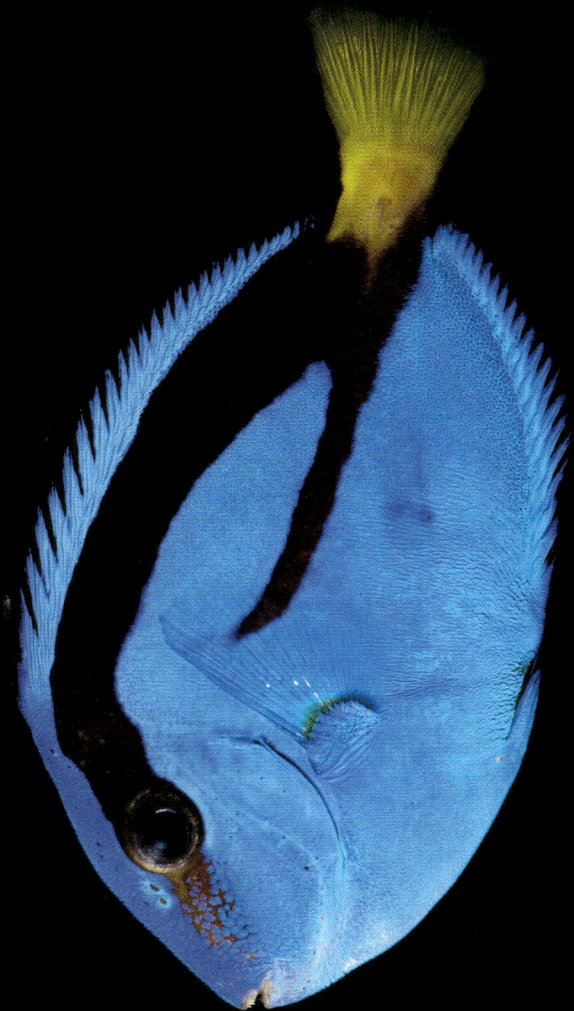

Palette surgeonfish (*Paracanthurus hepatus*)

**Joel Sartore**

Photo Ark

Aquatic box turtle (*Terrapene coahuila*)
**Joel Sartore**

Photo Ark

Virginia opossums (*Didelphis virginiana*)
**Joel Sartore**

© 2024 JOEL SARTORE

Photo Ark

Spix's macaws (*Cyanopsitta spixii*)
**Joel Sartore**

Photo Ark

PLACE
STAMP
HERE

African moon moth (*Argema mimosae*)
**Joel Sartore**

Photo Ark

PLACE
STAMP
HERE

Chinstrap penguins (*Pygoscelis antarctica*)
**Joel Sartore**

Photo Ark

PLACE
STAMP
HERE

Red celestial eye goldfish
(*Carassius auratus auratus*)
**Joel Sartore**

Photo Ark

PLACE
STAMP
HERE

Monocled cobra (*Naja kaouthia*)
**Joel Sartore**

Photo Ark

PLACE
STAMP
HERE

Oncilla (*Leopardus tigrinus pardinoides*)
**Joel Sartore**

Photo Ark

PLACE
STAMP
HERE

Malay tapir (*Tapirus indicus*)
**Joel Sartore**

Photo Ark

PLACE
STAMP
HERE